青少年信息技术科普丛书

不再迷航

曲 卫 熊 璋 著

许一凡 王亚青 绘

机械工业出版社

CHINA MACHINE PRESS

本书对地物导航、天文定位、地磁导航的方法进行逐一介绍，并重点解读了现代导航与定位方法。书中结合图表对惯性导航技术、无线电导航技术、卫星导航技术进行了通俗易懂的说明；对卫星导航定位的原理进行了解释，对我国北斗卫星导航系统的建设发展与应用情况也做了专门的介绍。本书整体文字风格诙谐易懂，配图丰富多彩。阅读本书，读者可以在学习信息科技的同时，传承航天精神，提升民族自豪感，增强发展航天事业和建设航天强国的自信心。

图书在版编目（CIP）数据

不再迷航 / 曲卫，熊璋著；许一凡，王亚青绘. —北京：机械工业出版社，2022.10
（青少年信息技术科普丛书）
ISBN 978-7-111-71548-1

Ⅰ.①不⋯ Ⅱ.①曲⋯ ②熊⋯ ③许⋯ ④王⋯ Ⅲ.①定点导航-青少年读物 Ⅳ.①TN96-49

中国版本图书馆CIP数据核字（2022）第164088号

机械工业出版社（北京市百万庄大街22号 邮政编码100037）
策划编辑：黄丽梅　　　　　责任编辑：黄丽梅　卢婉冬
责任校对：史静怡　李　婷　责任印制：刘　媛
盛通（廊坊）出版物印刷有限公司印刷

2022年11月第1版第1次印刷
140mm × 203mm · 2.875印张 · 30千字
标准书号：ISBN 978-7-111-71548-1
定价：39.00元

电话服务　　　　　　　　　网络服务
客服电话：010-88361066　　机 工 官 网：www.cmpbook.com
　　　　　010-88379833　　机 工 官 博：weibo.com/cmp1952
　　　　　010-68326294　　金 书 网：www.golden-book.com
封底无防伪标均为盗版　　　机工教育服务网：www.cmpedu.com

丛书序

　　信息技术是与人们生产生活联系最为密切、发展最为迅猛的前沿科技领域之一，对广大青少年的思维、学习、社交、生活方式产生了深刻的影响，在给他们数字化学习生活带来便利的同时，电子产品使用过量过当、信息伦理与安全等问题已成为全社会关注的话题。如何把对数码产品的触碰提升为探索知识的好奇心，培养和激发青少年探索信息科技的兴趣，使他们适应在线社会，是青少年健康成长的基础。

　　在国家《义务教育信息科技课程标准》（已于 2022 年 4 月出台）起草过程中，相关专家就认为信息科技的校内课程和前沿知识科普应作为一个整体进行统筹考虑，但是放眼全球，内容新、成套系、符合青少年认知特点的信息技术科普图书乏善可陈。承蒙中国科协科普中国创作出版扶持计划资助，我们特意编写了本套丛书，旨在让青少年体验身边的前沿信息科技，提升他们的数字素养，引导广大青少年关注物理世界与数字世界的关联、主动迎接和融入数字科学与技术促进社会发展的进程。

本套书采用生动活泼的语言，辅以情景式漫画，使读者能直观地了解科技知识以及背后有趣的故事。

书中错漏之处欢迎广大读者批评指正。

目　录

丛书序

导　读　　　　　　　　　　　　　001

第1章　古代的导航与定位

山川地物定方位　　　　　　　　009

北斗七星指方向　　　　　　　　012

司南之杓定南北　　　　　　　　018

第2章 现代的导航与定位

惯性导航技术 026

无线电导航技术 035

卫星导航定位技术 039

第3章 全球卫星导航系统

了解全球卫星导航系统 052

中国全球卫星导航系统的发展 060

全球卫星导航系统应用 073

导 读

在我们的日常生活中，处处离不开导航，例如：每天我们出门上学，眼睛就在为我们导航，它和我们大脑中的地图相互匹配来指路。对于熟悉的路线，我们已经了如指掌，如果我们准备出远门，又应该怎么办呢？聪明的古代人最初依靠太阳、北斗七星等天体来辨别方向，后来依靠指南针和罗盘。进入20世纪，定向无线电信标的问世，开启了海洋船舶和航空器导航的新篇章。

爸爸开车带一家人外出旅游

这是因为爸爸的手机能够接收北斗卫星导航系统发出的信号，它能够清晰地指出我们所在的具体位置。爸爸手机里面还安装了专业的导航软件，导航软件根据北斗卫星导航系统提供的信息能自动为我们规划行车路线，并准确地将我们导航到目的地！

不再迷航

第 1 章

古代的导航
与定位

在古代，人们对世界的认知很少，加上交通条件落后，人们很少远行。但是出行肯定是无法避免的，那么当时，人们出行是靠什么来判断方向和距离的呢？

不再迷航

我要去东山同学家！

山川地物定方位

古时候，在野外定向、定位主要依靠寻找一些标志，如高山、河流、峡谷以及道路的标志等，然后在简单的地图上确定自己的位置。史前人类就利用石头山实现定位，借助石头山组成的标记，他们能够凭借参照物找到到达目的地的道路。

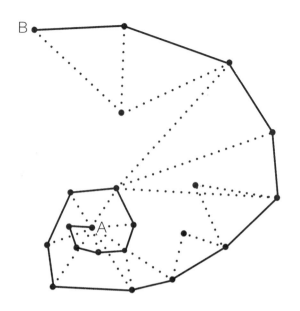

通过这种简单的导航系统，当时的人们能够不借助任何科技工具，只凭借自己的肉眼就能完成 AB 两地的来回行程。

趣味小知识

据英国媒体报道，约在 5000 年前，石器时代的人类就发明了原始的"导航定位系统"。这个史前人类使用的原始版"导航定位系统"在每个目的地的确切位置找 1 座山包，在山顶树立起 1 块石头堆砌的"纪念碑"作为其标志。这些"纪念碑"也就是前文提到的石头山，它们互相之间的线路能够组成巨大的等腰三角形网格。借助这个复杂的三角形网格，古代人通过"纪念碑"间互相连成的遥远的线路不需地图就能从 A 点到达 B 点或从 B 点到达 A 点。研究人员对石头遗迹进行了调查，在现代全球卫星导航定位系统的协助下，他们还对各个山头的"纪念碑"进行精确定位，并标注了它们相互之间的位置。研究人员发现许多"名胜古迹"都被建造在巨大的等腰三角形网格之内，并且每个三角形两腰等距，根据一个地点就能走到第二个地点。研究发现，虽然各个地点之间的实际距离超过 100 英里（约 160.9 千米），但各个地点间的距离误差都能控制在 100 米之内。

北斗七星指方向

　　夏日晴朗的夜晚，大家仰望星空，一定能找到北斗七星。古代人将这七颗星星连起来，把它想象成为古代舀酒的斗形，所以称为北斗七星。北斗七星在不同的季节和夜晚的不同时间，出现在天空中不同的方位，所以古代人就根据黄昏时斗柄所指的方向来判定季节：斗柄指东，天下皆春；斗柄指南，天下皆夏；斗柄指西，天下皆秋；斗柄指北，天下皆冬。

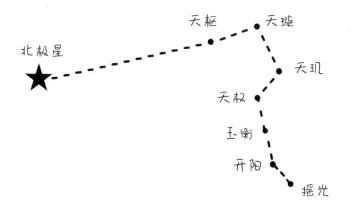

趣味小知识

　　依靠观察天体的定位方式，我们叫作天文定位技术。在我国古代，很早就将天文定位技术应用于航海中。东晋僧人法显访问印度及郑和下西洋的时候都曾使用天文定位技术。法显曾记述："大海弥漫无边，不识东西，唯望日、月、星宿而进。"在明代，采用观测恒星高度来确定地理纬度的定位方法叫作"牵星术"。郑和七下西洋，使用"牵星术"实现了世界航海史上的伟大壮举。他通过准确测定船舶的地理位置、航向和海深等，绘制了著名的《郑和航海图》。该图以南京为起点，最远至东非的蒙巴萨（今肯尼亚蒙巴萨），是我国古代地图史上真正的航海图，也是世界上现存最早的航海图集。其中四幅《过洋牵星图》是我国最早、最具体、最完备的关于牵星术的记载。

东晋僧人法显访问印度，用观星术指示方向。

不再迷航

郑和下西洋时，他指挥船队航行，就是依靠"往返牵星为记"来辨别方向的，《郑和航海图》是我国古代地图史上真正的航海图。

司南之杓定南北

　　司南是我国古代四大发明之一。在公元前 3 世纪的战国时期，我国就发现了磁石（亦称慈石）的指极性，并制作成指南工具——司南。后经不断改进，制成了更加灵敏、准确的指南工具指南鱼、指南龟、缕悬指南针等。那么什么是磁呢？

看！这 2 块磁铁能吸在一起！（异极相吸）

磁铁总有 2 个磁极，一个是 N 极，另一个是 S 极。1 块磁铁，如果从中间锯开，它就变成了 2 块磁铁，它们各有 2 个磁极。不论把磁铁分割得多么小，它总是有 N 极和 S 极，也就是说 N 极和 S 极总是成对出现的，无法让一块磁铁只有 N 极或只有 S 极。磁极之间有相互作用，即同名磁极相互排斥，异名磁极相互吸引。也就是说，N 极和 S 极靠近时会相互吸引，而 N 极和 N 极或 S 极和 S 极靠近时会相互排斥。

先秦时代，我们的先人在探寻铁矿时，时常会遇到磁铁矿，磁铁即磁石（主要成分是四氧化三铁）。那时，人们已经具备了对磁知识的初步认知概念。《管子·地数》篇中最早记载了磁石的发现："上有慈石者，其下有铜金。"磁石的吸铁特性很早就被人发现，《吕氏春秋》九卷精通篇就有："慈石召铁，或引之也。"那时的人们称"磁"为"慈"，他们把磁石吸引铁看作慈母对子女的吸引。并认为："石是铁的母亲，但石有慈和不慈两种，慈爱的石头能吸引他的子女，不慈的石头就不能吸引了。"汉以前人们把磁石写为"慈石"，是慈爱的石头的意思。我国古代的先人们利用磁石的特性，先后制成了司南、指南鱼、指南针等指示方向的设备。

最早的司南是用整块天然磁石经过琢磨制成勺形，并使整个勺的重心恰好落到勺底的正中，勺置于光滑的地盘之中，地盘外方内圆，四周刻有干支四维，勺柄指正南。在看不见星星的夜晚或者有大雾的白天，依靠地物和天文定位技术导航都失败的情况下，古时候的人们只能靠司南了！这种导航方式，我们称之为地磁导航技术。

不再迷航

趣味小知识 ———————————————

　　据《古矿录》记载，司南最早出现于战国时期的河北磁山（今河北省邯郸市磁山一带）。司南的发明是我国古代劳动人民在长期的实践中对物体磁性认识的结果。战国时期，生产力有了很大发展，农业生产的兴盛发达促进了采矿业、冶炼业的发展。人们从铁矿中认识了磁石。司南就是用天然磁石制成的。

第 2 章
现代的导航与定位

惯性导航技术

惯性导航技术是通过测量载体的加速度，并自动进行积分运算，获得运载体瞬时速度和瞬时位置数据的技术。惯性导航系统的关键器件是陀螺仪和加速度计。组成惯性导航系统的设备都安装在运载体内，工作时不依赖外界信息，也不向外界辐射能量，不易受到干扰，是1种自主式导航系统。

要理解惯性导航技术，首先需要明白什么是惯性。

小明在公交车上站立乘车，这是公交车原先的运动状态。当公交车司机看到前面有行人或者小动物经过时，公交车司机立即减速避让，等待行人或者小动物通过。由于小明的下半身被减速了，这是条件的改变。上半身由于具有惯性，依然保持原来的运动状态。但是脚向后走了，因此身体就向前倒去，摔了个大马趴。

公交车紧急刹车，小明向前摔倒

　　当公交车紧急启动时，如果没有扶好把手，就容易向后摔倒。公交车的启动让小明突然加速，这是条件的改变。上半身由于具有惯性，依然保持原来静止的状态，但是由于小明的脚却被加速了，因此就向后摔了个屁股蹲。

公交车紧急启动，小明向后摔倒

趣味小知识

　　物体保持静止状态或匀速直线运动状态的性质，称为惯性。惯性，是物体的固有属性。惯性是一种抵抗的现象，其大小与该物体的质量成正比。惯性的大小只与物体的质量有关。质量大的物体运动状态相对难于改变，也就是惯性大；质量小的物体运动状态相对容易改变，也就是惯性小。惯性具体表现为物体不愿意改变原来的运动状态：静止的物体总想保持原来的静止状态，运动的物体总想保持原来的运动状态。

一个物体如果没有外力作用，将保持静止或匀速直线运动，而且，在物体上施加的外力越大，物体的加速度也就越大。

牛顿

陀螺是指绕1个支点高速转动的刚体。陀螺是我国民间最早的娱乐工具之一。

我提出了陀螺的定义、原理和应用设想，为惯性导航技术的实现奠定了基础。

傅科

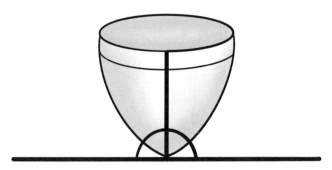

重力对高速旋转中的陀螺产生的对支撑点的力矩不会使其发生倾倒，而是发生小角度的进动，此即陀螺效应。陀螺有两个特点：进动性和定轴性。

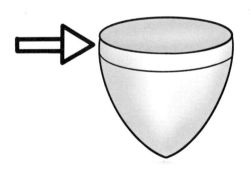

当高速旋转的陀螺遇到外力时，它的轴的方向是不会随着外力的方向发生改变的，而是围绕着一个定点进动。

大家如果玩过陀螺就会知道，陀螺在地上旋转时轴会不断地"扭动"，这就是进动。简单来说，陀螺效应就是旋转的物体有保持其旋转方向（旋转轴的方向）的惯性。

趣味小知识

陀螺仪最早应用于航海导航，但随着科学技术的发展，它在航空和航天事业中也得到广泛的应用。陀螺仪不仅可以作为指示仪表，重要的是它可以作为自动控制系统中的一个敏感元件，即可作为信号传感器。根据需要，陀螺仪能提供准确的方位、水平、位置、速度和加速度等信号，以便驾驶员使用自动导航仪来控制飞机、舰船或航天飞机等航行体按一定的航线飞行，而在导弹、卫星运载器或空间探测火箭等航行体的制导过程中，则直接利用这些信号完成航行体的姿态控制和轨道控制。作为稳定器，陀螺仪能使列车在单轨上行驶，能减小船舶在风浪中的摇摆幅度，能使安装在飞机或卫星上的照相机相对稳定等。作为精密测试仪器，陀螺仪能够为地面设施、矿山隧道、地下铁路、石油钻探以及导弹发射井等提供准确的方位基准。

加速度计是测量加速度的仪表。当物体具有很大的加速度时，物体及其所载的仪器设备和其他无相对加速度的物体均会受到能产生同样大的加速度的力，即受到动载荷，想知道动载荷就要先测出加速度。其次，要知道各瞬时飞机、火箭和舰艇所在的空间位置，可通过惯性导航系统连续地测出其加速度，然后经过积分运算得到速度分量，再次积分运算得到 1 个方向的位置坐标信号，而 3 个坐标方向的仪器测量结果就能综合出运动曲线并给出每瞬时航行器所在的空间位置。能连续地给出加速度信号的装置称为加速度传感器。

无线电导航技术

　　无线电导航系统利用了无线电波传播的基本原理：无线电信号在空间中以直线方式光速传播，只要确定了无线电波从发射机到接收机之间的传播时间，便可以确定收发机之间的距离（为光速与传播时间之乘积）。通常，导航工作由导航系统完成，导航系统包括安装在运载体上的导航设备和安装在其他地方与导航设备配合使用的导航台等。

电磁波的发现使无线电导航的实现成为可能。人们利用布设在地面的无线电导航台实现了对飞机、船舶的导航与定位。

塔台工作人员

　　1864 年，英国科学家麦克斯韦在总结前人研究电磁现象的基础上，建立了完整的电磁波理论。他断定电磁波的存在，并推导出电磁波与光具有同样的传播速度。1887 年，德国物理学家赫兹用实验证实了电磁波的存在。之后，1898 年，马可尼又进行了许多实验，不仅证明光是 1 种电磁波，而且发现了更多形式的电磁波，它们的本质完全相同，只是波长和频率有很大差别。电磁波传播的基本特性：电磁波在均匀理想媒质中，沿直线（或最短路径）传播；电磁波在自由空间的传播速度是恒定的；电磁波在传播路线上遇到障碍物或在不连续媒质的界面上传播时会发生反射。无线电导航就是利用上述特性，通过对无线电波的接收、发射和处理，即利用导航设备测量出无线电导航台发射信号（无线电电磁波）的时间、相位、幅度、频率参量，从而确定运动载体相对于导航台的方向、距离、距离差、速度等导航参量（几何参量），据此实现对运动载体的定位和导航。

卫星导航定位技术

卫星导航技术是采用导航卫星对地面、海洋、空中和空间用户进行导航定位的技术。卫星导航技术是靠卫星导航系统实现的，这个系统是由若干具备导航功能的卫星组成的。它可以保证用户在任意时刻，地球上有导航信号覆盖的任意 1 点都可以同时接收到 4 颗以上卫星的信号，安装卫星导航系统的汽车、飞机、船舶可以实时计算自己的位置。卫星导航系统可实现导航、定位、授时等功能。

1960 年 4 月 13 日，美国成功发射世界上第一颗导航卫星——子午仪 1B 号。那么，为什么导航卫星能够指路呢？

1957 年 10 月 4 日，苏联发射了第一颗人造地球卫星"斯帕特尼克 1 号"。此后，美国科学家在跟踪它的过程中，观察到了多普勒效应：卫星飞向地面接收机时，收到的信号频率会升高；而飞离时，频率就会降低。一高一低之差就是频率的偏移，被称之为多普勒频移。他们认识到，卫星的运行轨迹可以由卫星通过时所测得的多普勒频移来确定。知道了卫星的轨迹，就能够反推出接收机所在的位置。正是由于这一有趣而科学的发现，揭开了人类利用人造卫星进行高精度、全天候导航定位的新纪元。

原声音波形　　拉长后的声音波形　　原声音波形　　压缩后的声音波形

当火车迎面驶来时，鸣笛声的波长被压缩，频率变高，因而声音听起来纤细。当火车远离时，声音波长就被拉长，频率变低，从而使得声音听起来雄浑。

物体辐射的波长因为波源和观测者的相对运动而产生变化。在运动着的波源前面，波被压缩，波长变得较短，频率变得较高；在运动着的波源后面时，会产生相反的效应。波长变得较长，频率变得较低；波源的速度越高，所产生的效应越大。根据波频率的变化程度，可以计算出波源循着观测方向运动的速度。

多普勒效应是为纪念奥地利物理学家、数学家克里斯琴·约翰·多普勒而命名的，他于1842年首先提出了这一理论。

多普勒效应本来就存在，我只是提出了而已。

克里斯琴·约翰·多普勒

现在大家提起导航，脑海中就会浮现"GPS"这 3 个字母。GPS（Global Positioning System，简称 GPS）是由美国军方建造的全球定位系统，由于先入为主的关系，人们常把它当作全球卫星导航系统的代名词。中国、俄罗斯和欧盟都拥有自己的全球卫星导航系统。

说起导航卫星，我要说第二，没人敢说第一。

斯帕特尼克1号

子午仪卫星

多普勒

美国子午仪 1B 号导航卫星

斯帕特尼克1号

美国的卫星导航系统叫 GPS，可厉害了！

美国

俄罗斯的卫星导航系统叫 GLONASS，也不差的！

俄罗斯

中国的卫星导航系统叫北斗！超级棒！

中国

　　导航卫星如何能确定用户的位置呢？导航卫星发射测距信号和导航电文，导航电文中含有卫星的位置信息。信号接收机在某一时刻同时能接收3颗以上卫星信号，可测量出测站点（用户接收机）至3颗卫星间的各自距离，解算出卫星的空间坐标，再利用距离交会法就可以算出测站点的位置。整个过程就是三球交汇定位原理在卫星导航领域中的应用。目前，国际上四大卫星导航系统的定位原理都是相同的，均是采用三球交汇的定位原理来实现定位，具体流程如下：

（1）用户测量出自身到 3 颗卫星间的距离。

（2）卫星的位置精确已知，通过电文播发给用户。

（3）以卫星为球心，距离为半径画球面。

（4）3 个球面相交得 2 个点，根据地理常识排除一个不合理点即确定用户位置。

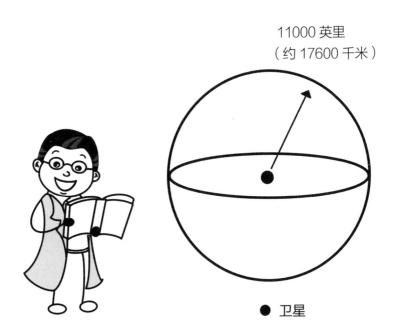

11000 英里
（约 17600 千米）

● 卫星

获得用户与 1 颗卫星间的距离数据可以知道用户的位置在以该卫星为圆心，以该距离为半径的球面上。

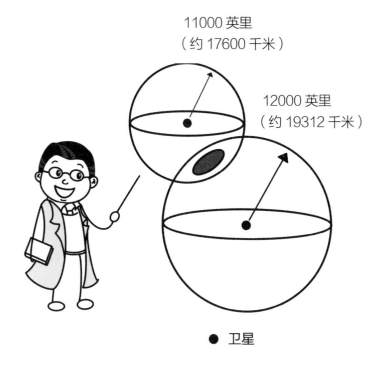

11000 英里
（约 17600 千米）

12000 英里
（约 19312 千米）

● 卫星

获得用户与 2 颗卫星间的距离数据可以知道用户的位置在以该 2 颗卫星为圆心，以该用户与卫星的各自距离为半径的所相交的球面上。

● 卫星

不再迷航

　　获得用户与 3 颗卫星间的距离数据可以知道用户的位置在以该 3 颗卫星为圆心，以该用户与卫星的各自距离为半径的所相交的两点上。根据地理常识排除 1 个不合理点即确定用户位置。

在空间中，若已知 A、B、C 三点的确切空间位置，且第四点 D 到上述三点的距离皆已知，即可以确定 D 的空间位置。原理如下：因为 A 点位置和 AD 间距离已知，可以推算出 D 点一定位于以 A 为圆心、AD 为半径的圆球表面，按照此方法又可以分别得到以 B、C 为圆心的另两个圆球，即 D 点一定在这 3 个圆球的交汇点上，这就是三球交汇定位原理。如果已经知道了 3 颗卫星的坐标，并且还知道信号接收机至这 3 颗卫星的各自距离，那么该信号接收机的坐标就能够计算出来。实际上参与导航定位计算的步骤中，还有个时间变量参数，因为信号接收机至卫星的距离测量实际上是以时间度量来实现的，当每秒钟时间误差为百万分之一时，就将导致位置误差大于 300m，而信号接收机的时钟是通过石英晶体振荡器来工作的，必须用卫星的原子钟作为同步标准才能确保定位的准确性，故需第四颗卫星来参与定位，这第四颗卫星是作为时间参考标准加以应用的。

第 3 章

全球卫星
导航系统

了解全球卫星导航系统

全球卫星导航系统是以导航定位卫星发射的信号来确定载体位置而进行导航的系统。

美国约翰·霍普金斯大学的两位研究人员通过观测卫星发射的无线电信号，将地面上常见的多普勒频移与卫星运动轨迹联系在一起，提出利用位置已知的地面观测站测量卫星播发信号的多普勒频移，从而获得太空中卫星的精确位置的方法，并通过地面观测站对卫星的联合观测试验，验证了这个方法，完成了对卫星轨迹的测定。同一所大学的另外两位研究人员依据试验结果提出了另外一种思路，即如果已知卫星的精确位置，通过在地面上测量卫星信号的多普勒频移，便可以确定地面观测站的精确位置，全球卫星导航定位的基本概念便由此而生。

不再迷航

　　导航卫星不仅能确定用户的位置，引导用户导航到想去的地方，也能给用户"授时"，也就是提供准确的时间。人们自从有了时间概念，就有了准确的"授时"需求。为了统一全球各个地区的时间，需要将时间从一个地方传递到另一个地方。如果传递的是一个国家或地区的标准时间，就成了"授时"。从古至今，随着科技进步，授时技术也在不断发展。古代人靠什么手段授时呢？

公元 485 年的一天早上，太阳暖暖地照在南朝齐国的皇宫内，可齐武帝却非常郁闷，因为皇宫的时间不对，他直到现在还没有吃上早饭。

其实在这个都城，观测天象的官员非常敬业，他们用圭表、滴漏等仪器测量出准确的时间，每到整点都用鼓声向周围传递时间。

不再迷航

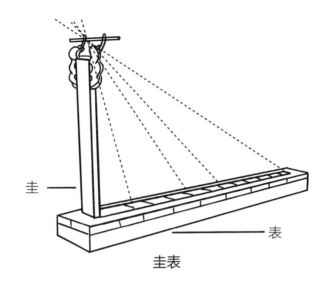

圭

表

圭表

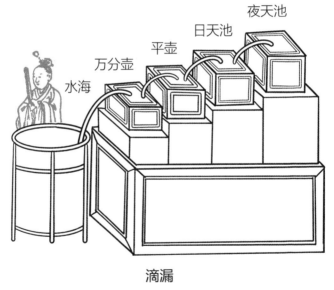

夜天池

日天池

平壶

万分壶

水海

滴漏

　　但皇宫离敲鼓报时的地方太远，有的时候能听到鼓声，有的时候却听不到。就像这天，皇帝听到了鼓声，知道早饭时间到了，可御厨却没有听到，所以就没能开饭。

齐武帝听到寺庙里的钟声隐隐约约传来，使他茅塞顿开，当即下令，在皇宫较高的景云楼里挂起一个大钟，听到鼓声就敲响大钟，这样整个皇宫都能清楚地知道准确的时间，再也不会误事儿了。传说，这就是"晨钟暮鼓"的由来，"晨钟暮鼓"也是一种授时方式。

齐武帝

古代更夫十分辛苦，晚上不能睡觉，因为要借助滴漏（计时的器具）或燃香（计时的器具）来掌握准确的时间，并要在城里巡游，用梆子或锣声向人们报告时间。当听到更夫的打更声，人们便知道了时间。

中国全球卫星导航系统的发展

中国全球卫星导航系统——北斗卫星导航系统（BeiDou Navigation Satellite System，简称 BDS）是我国自主研发的全球卫星导航系统，也是全球第三个成熟的全球卫星导航系统。

北斗卫星导航系统建设分了三个阶段。

北斗一号，区域有源定位。1994 年，启动北斗一号有源卫星导航定位系统建设工程。北斗一号是探索性的第一步，初步满足我国及周边区域的定位、导航、授时需求。北斗一号巧妙地设计了双向短报文通信功能，这种通信和导航一体化的设计，是北斗一号独创的。

北斗二号，区域无源定位。2004 年，启动北斗二号无源卫星导航定位系统工程建设。

2012 年，完成 14 颗卫星［5 颗地球静止轨道（GEO）卫星、5颗倾斜地球同步轨道（IGSO）卫星和 4 颗中圆地球轨道（MEO）卫星］发射组网工程。北斗二号在兼容北斗一号技术体系基础上，增加无源定位体系，可以为亚太地区提供定位、导航、测速、授时和双向短报文通信服务。

北斗三号，全球定位服务。2009 年，启动北斗三号全球卫星导航系统建设。2020 年，全面建成北斗三号全球卫星导航系统。北斗三号全球卫星导航系统兼容有源服务和无源服务两种技术体系，可以为全球用户提供基本导航、定位、测速、授时、双向短报文通信和国际搜救服务，同时可为我国及周边地区用户提供区域短报文通信、星基增强和精密单点定位等服务。

卫星导航系统的有源定位服务指的是当卫星导航系统使用有源时间测距来定位时，用户通过导航卫星向地面控制中心发出1个申请定位的信号，之后地面控制中心发出测距信号，根据信号传输的时间计算得出用户与2颗卫星间的距离。除了这些信息外，地面控制中心还有1个数据库，存储地球表面各点至地球球心的距离，当认定用户在此不均匀球面的表面时，控制中心可以计算出用户的位置，并将信息发送给用户。北斗一号有源卫星导航定位系统完全基于此技术，而之后的北斗卫星导航系统除了使用新的技术外，也保留了这项技术。

卫星导航系统的无源定位具有全天候、全天时、作用距离远、覆盖范围广等特点。当卫星导航系统使用无源时间测距技术时，用户至少接收4颗导航卫星发出的信号，根据时间信息可获得距离信息，用户可以自行计算其空间位置。北斗卫星导航系统也使用了此技术来实现全球的卫星定位。

北斗卫星导航系统主要由三部分组成。

空间段：由 3 颗地球静止轨道（GEO）卫星、3 颗倾斜地球同步轨道（IGSO）卫星和 24 颗中圆地球轨道（MEO）卫星组成。

地面段：包括主控站、时间同步 / 注入站和监测站等若干地面站，以及星间链路运行管理设施。

用户段：北斗卫星导航系统用户段包括北斗及兼容其他卫星导航系统的芯片、模块、天线等基础产品，以及终端设备、应用系统与应用服务等。

我国的北斗卫星导航系统与其他国家的导航系统有什么不一样的地方呢？让我们一起看看北斗卫星导航系统的"绝世武功"！

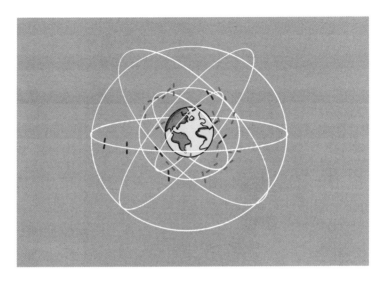

北斗卫星导航系统的混合轨道设计

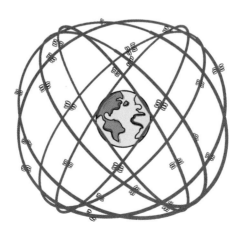

其他卫星导航系统的单一轨道设计

北斗卫星导航系统是由地球静止轨道（GEO）卫星、倾斜地球同步轨道（IGSO）卫星和中圆地球轨道（MEO）卫星三种轨道卫星组成的混合导航星座。而其他国家的卫星导航系统只有中圆地球轨道（MEO）卫星1种轨道设计。

绝招二：三频信号服务

北斗卫星导航系统是全球第一个提供三频信号服务的卫星导航系统（美国GPS使用的是双频信号），体现了北斗卫星导航系统的后发优势。使用双频信号可以减弱电离层延迟造成的影响，而使用三频信号可以构建更加复杂模型以消除电离层延迟的高阶误差。这让定位更为精确。

不再迷航

北斗卫星导航系统创新融合了导航与通信功能，可提供基本导航、双向短报文通信、国际搜救、星基增强和精密单点定位等多种服务。系统功能高度集成，实现了集约高效的成果。

北斗卫星导航系统星座由 3 种类型的轨道卫星组成，北斗人称这 3 种卫星为"北斗三兄弟"。根据三种轨道卫星名称英文首字母的发音，又被亲昵地称作"吉星""爱星"和"萌星"。3 颗"吉星"，3 颗"爱星"以及 24 颗"萌星"，共同构成了北斗卫星导航系统星座大家族。每颗卫星根据各自的运行轨道特点和承载功能，既各司其职，又优势互补，共同为全球用户提供高质量的定位、导航、授时等服务。

我是吉星，站得高看得远，在距离地球 3.6 万千米的轨道上。因为我的运动周期与地球自转周期相同，相对地球保持静止，所以被人称作地球静止轨道（GEO）卫星。

地球静止轨道（GEO）卫星单星信号覆盖范围很广，一般来说，三颗地球静止轨道（GEO）卫星就可实现对全球除南北极之外绝大多数区域的信号覆盖。地球静止轨道（GEO）卫星始终随地球自转而动，对覆盖区域内用户的可见性达到 100%。同时，地球静止轨道（GEO）卫星因轨道高，具有良好的抗遮蔽性，在城市、峡谷、山区等具有十分明显的应用优势。

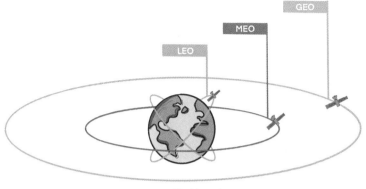

GEO 轨道示意图

倾斜地球同步轨道（IGSO）卫星与地球静止轨道（GEO）卫星同为高轨卫星，倾斜地球同步轨道（IGSO）卫星信号抗遮挡能力也很强，尤其在低纬度地区，其性能优势明显。倾斜地球同步轨道（IGSO）卫星总是覆盖地球上某一个区域，可与地球静止轨道（GEO）卫星配合，形成良好的几何构形，一定程度上克服地球静止轨道（GEO）卫星在高纬度地区仰角过低带来的影响。

我跟吉星一样，都在距离地球 3.6 万千米的轨道上，运行周期也与地球自转周期相同，但运行轨道面与赤道面有一定夹角，所以称作倾斜地球同步轨道（IGSO）卫星。我运动轨迹的最大特点就是走 8 字。

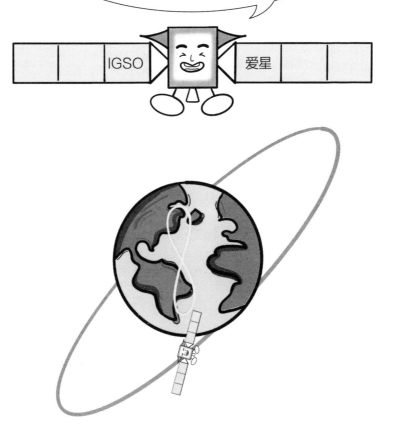

IGSO 轨道示意图

中圆地球轨道（MEO）卫星因其全球运行、全球覆盖的特点，是全球卫星导航系统实现全球服务的最优选择。

我是萌星，运行在约2万千米高度的轨道上。我在自己的跑道上绕着地球一圈又一圈地奔跑，星下点轨迹不停地画着波浪线，以便覆盖到全球更广阔的区域。

MEO　萌星

趣味小知识

长征三号系列运载火箭因其入轨精度高、轨道选择多、适应能力强，成为发射北斗系列导航卫星的"专属列车"。截至2020年6月，长征三号系列运载火箭用44次成功发射的优异表现，将4颗北斗号试验卫星、55颗北斗导航卫星、北斗三号组网卫星送入预定轨道。

长征三号系列运载火箭

长征三号

北斗卫星导航系统

全球卫星导航系统应用

北斗卫星导航系统是全球四大卫星导航核心供应商之一，在轨卫星超过 40 颗。目前北斗卫星导航系统全球导航系统已经全面建成，向全球提供服务。2035 年前还将建设完善更加广泛、更加融合、更加智能的综合时空体系。北斗卫星导航系统有以下四项功能。

第一项：双向短报文通信功能

救援人员

北斗卫星导航系统具有双向短报文通信功能，区域通信能力每次可传送 1000 个汉字，全球通信能力每次可传送 40 个汉字，在应急抢险、远洋航行等行动中具有重要的应用价值。目前北斗卫星导航系统的短报文通信已经实现与手机短信的互联互通功能。

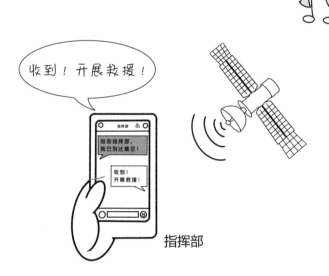

指挥部

第二项：精密定位功能

北斗卫星导航系统可向全球提供优于 10 米的定位服务，亚太地区定位精度可达到 5

米。北斗卫星导航系统提供的位置信息服务，通过精密单点定位技术及星基增强、地基增强等系统，可将定位精度提高到米级、分米级乃至厘米级。

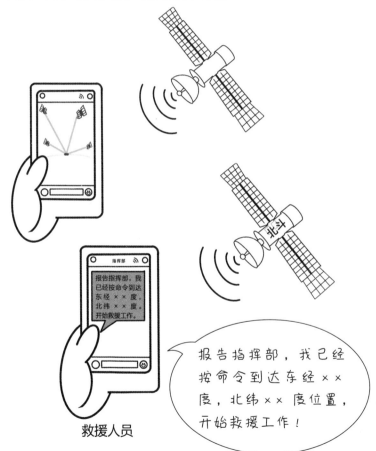

救援人员

报告指挥部，我已经按命令到达东经××度，北纬××度位置，开始救援工作！

第三项：精密授时功能

北斗卫星导航系统可为用户提供优于20 纳秒的授时服务，在此基础上利用差分授时、双向比对等技术手段，可进一步提升授时精度。

第四项：准确测速功能

北斗卫星导航系统

现如今，在北斗卫星导航系统的指引下，无论是白天还是黑夜，无论在戈壁沙漠还是茫茫大海，"北斗"都会告诉我们精准的时间、确切的位置，并且用它庞大的导航系统帮助我们到达指定的目标位置。北斗卫星导航系统未来将提供五大服务，既有国际通用服务，又有"北斗"特色设计的，包括 RNSS、SMS、SBAS、SAR、PPP，目前已提供 RNSS 服务、SMS 服务。这些难懂的英文单词，看起来很高大上，其实它们都是一些专业术语的缩写，那我们就一一来揭晓隐藏在这些词语中的奥秘吧。

RNSS——卫星无线电导航服务

RNSS 是卫星导航系统可提供的基本导航服务，包括基本的定位、测速和授时服务，四大全球导航系统及日本、印度等区域导航系统均可提供 RNSS 服务。

不再迷航

SMS——短报文通信服务

北斗卫星导航系统可提供 SMS 服务，这是北斗卫星导航系统的独家秘籍。从"北斗卫星导航系统"一号，到"北斗"二号，再到"北斗"三号，北斗卫星导航系统的 SMS 服务功力不断提升。北斗卫星导航系统的 SMS 服务分为向全球区域和亚太区域用户提供的。

SAR——国际搜救服务

北斗国际搜救服务系统按照国际海事组织搜救卫星系统标准建设，利用中圆地球轨道（MEO）卫星为全球用户提供服务。北斗卫星导航系统将有 6 颗卫星搭载搜救载荷，实现全球一重覆盖。用户在全球任何一个有卫星信号覆盖的地点，都可以向至少一颗卫星的信标发出求助信号。目前，美、欧、俄罗斯已经或即将提供全球搜救服务。北斗加入后，四大系统可联合为用户提供更加可靠的搜救服务，这对于生命安全领域极为重要。

北斗卫星导航系统与 GPS、GLONASS、伽利略系统一起提供国际搜救服务。

趣味小知识 ——————————————

我国的全球卫星导航系统已在公安、交通、渔业、电力、林业、减灾等领域得到广泛应用，正服务于智慧城市建设和社会治理。目前已建成全球最大的 GNSS（全球导航卫星系统）车联网平台。全国 4 万余艘渔船安装北斗卫星导航系统，累计救助渔民超过 1 万人次。此外，基于北斗卫星导航系统的高精度服务，也已应用于精细农业、危房监测、无人驾驶等领域。

目前，世界主流手机芯片大都支持北斗卫星导航系统。在我国国内销售的智能手机中，北斗卫星导航系统正成为标配。共享单车也配装北斗卫星导航系统实现精细管理。支持北斗卫星导航系统的手表、手环、学生卡使用更加方便，也为我们的日常生活提供着保护。北斗卫星导航系统融合互联网还催生出新业态：北斗卫星导航系统与互联网、云计算、大数据融合，建成了高精度时空信息云服务平台，现已推出全球首个支持北斗卫星导航系统的加速辅助定位系统，服务覆盖200余个国家和地区，用户突破1亿人，日服务达2亿次。我国北斗卫星导航系统在应用产业化方面，已形成完整产业链，正在服务我们生活的方方面面。